小小园丁

——有趣的蔬菜王国

赵　晶——编著　　　　李静雯——绘

海峡出版发行集团 | 福建科学技术出版社
THE STRAITS PUBLISHING & DISTRIBUTING GROUP | FUJIAN SCIENCE & TECHNOLOGY PUBLISHING HOUSE

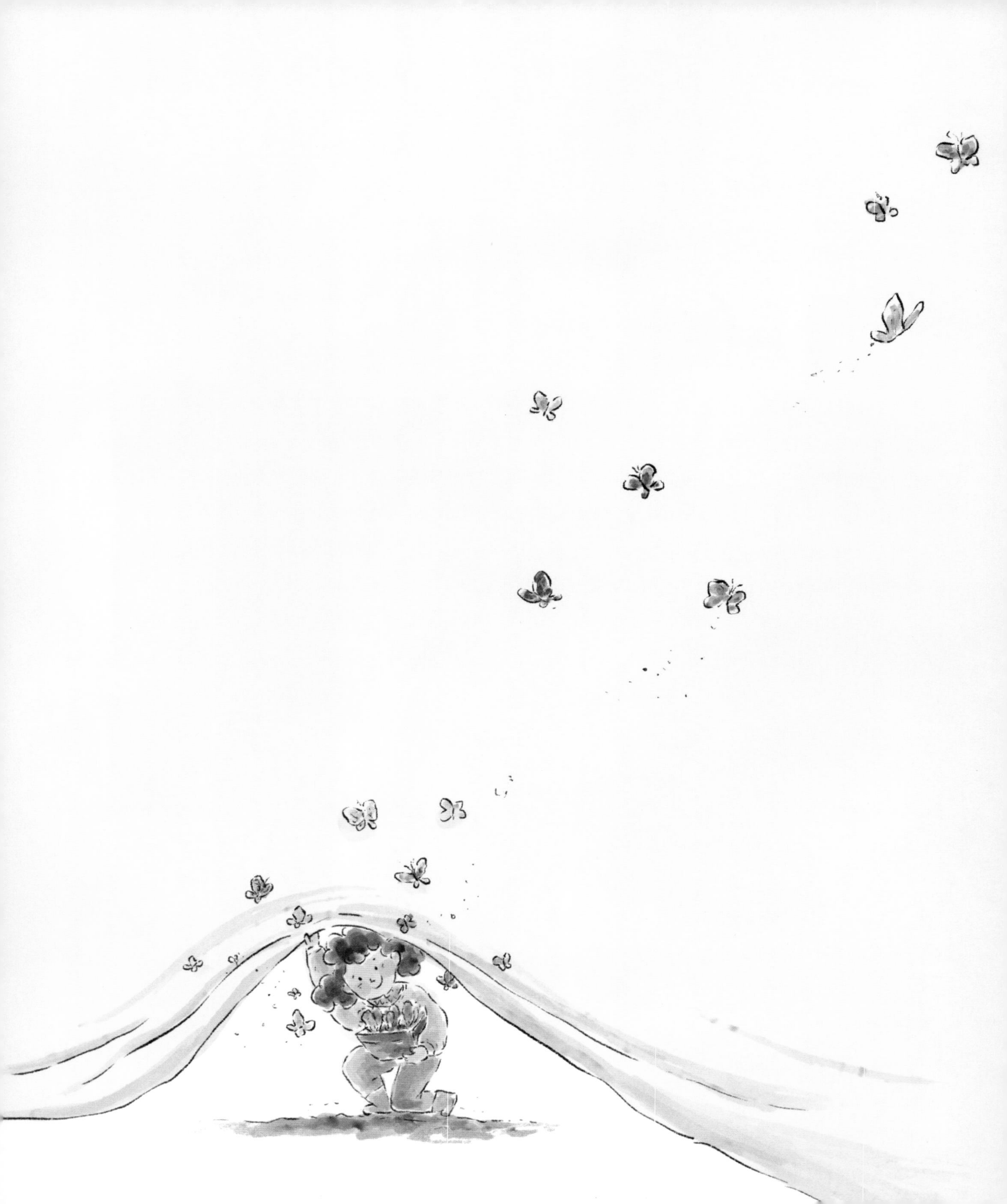

欢迎来到蔬菜王国

蔬菜王国非常大，成员也很多：有的白白胖胖，有的黑不溜秋，有的披着彩色的外衣，有的还烫着一头卷毛；有的喜欢躲在地底下，有的却无比热爱阳光；有的喜爱温暖的夏天，有的不惧怕寒冷的冬天……蔬菜们的形状各式各样，颜色五彩斑斓，生长习性也不相同。

蔬菜们有的生活在农田里，有的生活在现代化的大棚里。这本书要说的是生活在小女孩琪琪小菜园里的蔬菜，比如小葱、生菜、番茄、黄瓜……小菜园里发生了好多有趣的故事，你们想不想听听呀？下面就让小女孩琪琪带大家一起走进有趣的蔬菜王国吧！

此书属于小小园丁

____

目录

catalogue

快来跟我一起种
蔬菜吧！

有趣的蔬菜王国

大家好！很荣幸我能第一个出场和小朋友们见面！我叫豆芽菜。别看我脑袋大、身子瘦，可我力气超级大，能把压在身上的东西给顶开。我吃起来很脆，大家都很喜欢用我涮火锅。

遮光布

根

叶

我本来是一粒圆溜溜的豆子，遇到水以后，就会从沉睡中醒来，然后长出腿和脚，那就是根。长出脑袋和胳膊，那就是叶和茎。

根

我很怕见光，因为光照之后我的头顶会发红，
就不那么好吃了，所以在短短十来天的生命里，
我一直要躲在黑暗中。

我需要咕咚咕咚喝饱水，但是不能把我泡在水里，
时间久了我就会变黑，最后烂掉。
我特别爱干净，一天至少要洗 3 次澡，
还得是淋浴哟！

我的个子长到 10 厘米左右，就可以收割啦！
剪掉根部的须须，洗干净就能下锅了。

黄豆、绿豆、豌豆这些豆豆都可以用来发
豆芽菜，花生、小麦、苜蓿也可以哟！

有特别味道的菜

我叫小葱。别看我个头不大，又细又长，
中间还是空心的，但人们都特别喜欢我，
做菜做汤的时候，总不忘将我切碎撒上。
这都是因为我有一股特殊的清香，
能够让人胃口大开。

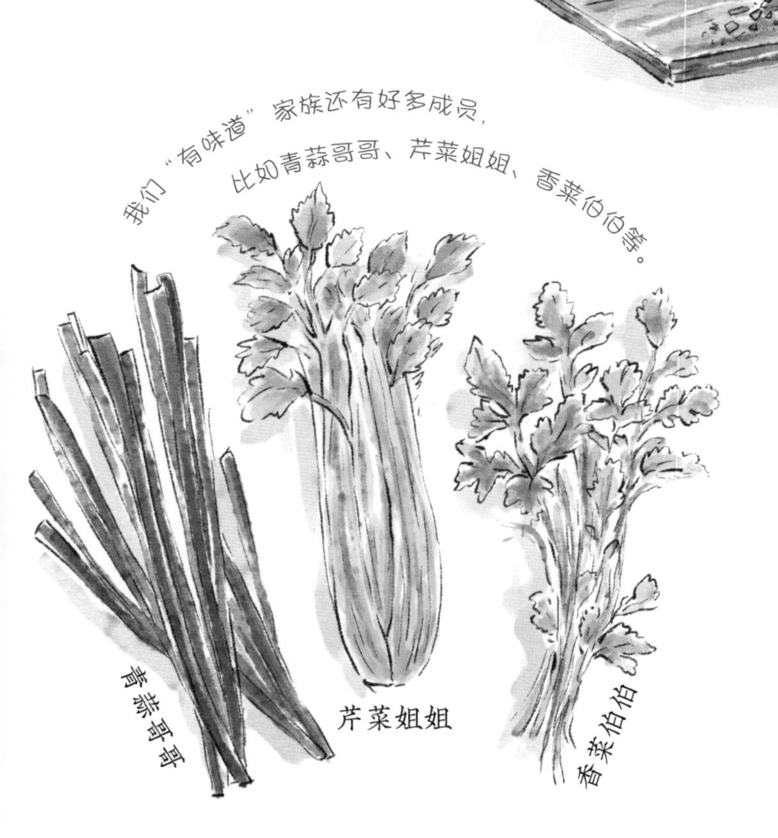

香菜伯伯很奇怪，有的人说他香，也有的人说他跟臭虫一样臭。到底是香还是臭，这个嘛，我说了不算，你们要亲口品尝一下才能知道答案哟！

我们家族还有一些不常拿来做菜的亲戚，
比如荆芥、薄荷，等等。
薄荷有一股清凉辛辣的味道，
薄荷糖、薄荷味的牙膏里面都有薄荷。

“有味道”最大的好处，
就是虫子很少来咬我们，
所以不需要主人经常捉虫子或者喷洒驱虫药水。
小菜园里种上我们，真是特别省心呢！

可以生吃的菜

说了这么多，终于轮到我出场了。我是生菜。别看我衣服皱巴巴的，但我脆嫩又多汁，是小主人琪琪的最爱。

我长得非常快，一个月就能从发芽到长大成年。我特别喜欢喝水，一定要让我喝饱水，不然我就低垂着脑袋，没什么精神。

我最喜欢春天和秋天，
冬天我长得很慢，
如果下雪还会被冻伤。
我比较怕热，
炎热的夏天让我无法忍受，
会烂根甚至死亡。

我的兄弟姐妹很多，
他们有的喜欢将头发染成紫红色，
有的爱穿破洞衣服，看起来和我不太一样，
但我们的味道都差不多，都适合生吃。

躲在土里的菜

不是所有的菜都在地面上生长，像我土豆，就喜欢躲在土里，这样外面的世界不论刮风下雨，都和我无关。

我只管在土里努力长大，再长大就行啦！直到主人把我从土里挖出来的那一天。

别看我身上斑斑点点，

还带有不少泥土，

削掉外皮，经过烹饪，

我就会变成你们最爱的美食：

薯条、土豆泥、土豆丝、土豆片、土豆块……

五花八门。

地下的生活虽不如地面上的世界丰富多彩，

但至少还有小伙伴陪着我，有红薯、紫薯、萝卜、胡萝卜。

我们是亲兄弟！

红薯、紫薯是亲兄弟。
萝卜、胡萝卜两个小姐姐，
她俩长得像，
常常被人误以为是表姐妹，
实际上，她俩只是好朋友。

结果实的菜

小朋友们，先给你们看一张照片。对啦！这就是常见的结果实的蔬菜。

先自我介绍一下，

我是番茄。

照片左边戴着绿色五角星帽子、

穿着鲜艳的红裙子、

胖乎乎的那个就是我。

辣椒出生时是绿色的，
当他年纪变大了
就成了红色。

我和辣椒、茄子是近亲，

我们的颜色都会随着年龄增长而变化哟！

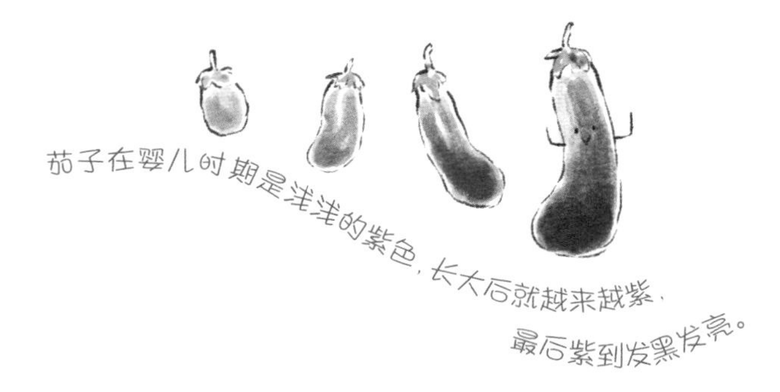

如果你觉得有趣，

欢迎来小菜园观看我们变装呀！

还有带刺的黄瓜、橘色的南瓜、

花皮的西葫芦、长条的豇豆，

都是结果实的蔬菜。

小贴士

结果实的蔬菜有一个共同的特点，就是先开花后结果。他们的花朵以白色和黄色最多见，豆类的花也有粉色的、紫色的。

虫子最喜欢吃的菜

呜呜呜，我是小白菜。

一说起虫子，我可真委屈！

谁叫我的叶片又肥又嫩，深受虫子喜爱呢？

即使我在小菜园里得到主人的精心照顾，

可叶片还是经常被虫子啃得都是洞洞。

那个可恶的虫子是菜园里最常见的害虫，

名叫菜青虫，青绿色、肥嘟嘟的，

就喜欢不停地啃食我们。

长大以后，

就会变成小白蝴蝶飞走。

除了我之外，

和我一个家族的卷心菜、花菜

叶片也是菜青虫的盘中餐。

小贴士

自制驱虫药水

将辣椒或生姜剁碎，浸泡在清水里一天一夜，把这种水喷在蔬菜上，辣味可赶走一部分害虫。

对眼睛好的菜

小朋友们，你们想不想拥有一双明亮有神的眼睛呀？找我就对啦！

常吃我，眼睛就不会发干，而且晚上的视力也会很好哟！

菠菜不仅能保护我们的视力，对于眼睛有疾病的人来说，多吃菠菜也能恢复得更快哟！

她也是保护我们眼睛的好帮手，
还能预防一些眼部疾病。

当然，还有许多食物也对眼睛有好处，
比如蛋黄、蓝莓、猪肝，等等。

甜甜的菜和苦苦的

我是南瓜，

是一种粉粉甜甜的蔬菜。

我可以做菜，也可以做成南瓜饼或南瓜汤。

鲜嫩的番茄、黄瓜，

吃起来有股清甜的味道。

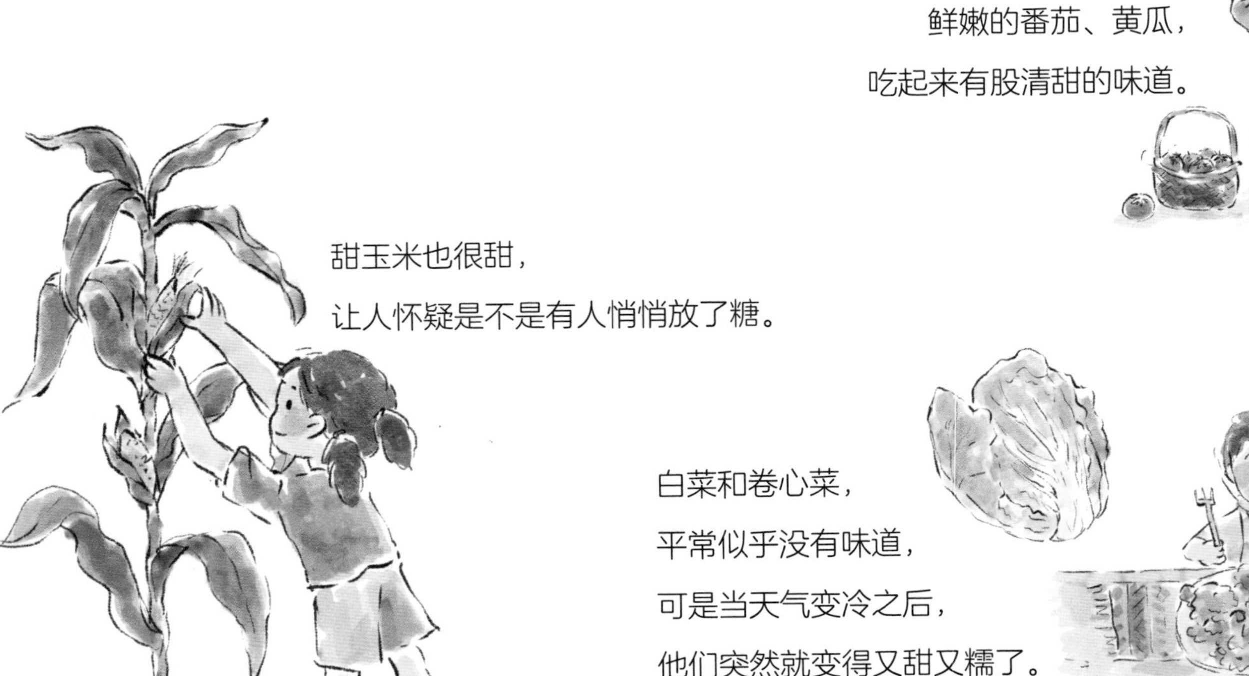

甜玉米也很甜，

让人怀疑是不是有人悄悄放了糖。

白菜和卷心菜，

平常似乎没有味道，

可是当天气变冷之后，

他们突然就变得又甜又糯了。

我是苦瓜。

我虽然味道苦，但是吃我好处多，

夏天经常吃一点，身上不容易长痱子、脓包。

还有苦菊，

名字里也有个“苦”字，不过苦味比较淡，

是甜中有一丝微苦，适合凉拌着吃。

我们有苦味都是正常的，

但是黄瓜、瓠瓜等瓜类如果有苦味，

就一定不能吃，有可能会中毒！

野外能见到的菜

荠菜，

听到这个名字是不是有点

陌生呀？但是相信你们

都吃过用我做的饺子、

春卷和馄饨吧！

我的种子跟随土壤一起来到小菜园，从此扎下了根，

每年不用播种，就能自己长出来，

给主人带来不小的惊喜呢！

和我一起到小菜园定居的还有马齿苋大哥和土人参小弟。
主人喜欢拿马齿苋洗净凉拌，他有着酸酸的味道和滑滑的口感。
土人参的叶子可以摘下来做汤或炒着吃。

我们仨的共同特点就是在田野间非常常见。下次你和爸爸妈妈一起外出郊游的时候，一定记得来找找我们哟！

好吃又好看的菜

我叫彩苋菜，

在整个蔬菜界长得好看的菜里，一定有我。我穿着独一无二、红绿相间的花裙子，每一片叶子就像我的裙摆，每一片裙摆上的纹路都不相同。

我不仅长得好看，吃起来也很美味。

无论是煮还是炒，我都会贡献出一碗红红的汤汁，

用来拌饭是再好不过了。

我喜欢温暖的天气，整个夏天，小菜园里都是我唱

主角。只可惜一到深秋，我就得和你们说“再见”，

然后相约明年春天再见啦！

小实践

认识蔬菜

逛逛超市或者菜市场，看看你认识哪些蔬菜，在你看到的蔬菜后面画上小红花！

番茄
花菜
辣椒
茄子
黄瓜
西葫芦
南瓜
小白菜
生菜
胡萝卜
土豆
萝卜

太阳公公的抚摸

小朋友们，你们喜欢晒太阳吗？不光你们喜欢，蔬菜也特别喜欢晒太阳，就像——就像你们喜欢看动画片一样！

暖暖的太阳照在蔬菜的身上，他们就挺直了腰杆，舒展了手臂，心里还在不断地默念：我要快快长大！快快长大！

你看，在阳光充足的地方生长的蔬菜，
一个个胖乎乎的，特别有精神；
而长在墙角、屋檐下、背阴处的蔬菜，
又瘦又小，一副蔫头耷脑、无精打采的模样。

结果实的蔬菜，晒太阳的时间越长越好，最好让太阳公公从早到晚都抚摸着他们，这样才能长得又大又好。

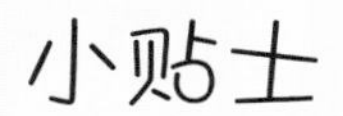

为什么新疆的哈密瓜特别甜？

答案在这里：因为在新疆，太阳公公特别勤劳，一直到晚上9点还不肯下班，瓜果们吸收了阳光的能量，然后变成糖，所以又大又甜。

蔬菜的生活

蔬菜的家

只要有土壤的地方，蔬菜就能安家。
松软的土壤，让他们的根须更好地生长。
土壤越多越厚，蔬菜的根就越舒展，
吸收的水分和营养就更多，长得也会更高大。

土壤是松散的，一般装在圆形的
花盆或长条形的菜盆中。

蔬菜也要喝水吃饭

就像人一样，小菜园里的菜也会“渴”，也会“饿”，也需要喝水吃饭。

只不过他们喝的和吃的跟我们不太一样，
我们喝白开水、纯净水、牛奶，偶尔还有各种饮料，
他们喝雨水、自来水、洗菜水、淘米水。

我们吃米饭、肉类、蛋类和蔬菜，
他们吃豆饼渣、鸡粪、草木灰等肥料，
有时候也会吃点化肥。

小园丁，你准备好了吗

小朋友们，想不想尝试一下自己亲手种植蔬菜，看着他们发芽、长大、开花、结果？下面琪琪带你们一起来准备种菜必备的工具吧！

防水小围裙：避免把衣服弄脏。

遮阳帽：用来保护你们可爱的小脸不被晒伤。

帆布手套：用来保护你们娇嫩的小手。

喷水壶：用来给蔬菜浇水。

小实践

自制简易喷水壶

拿一个空的矿泉水瓶子，请妈妈用锥子在瓶盖上扎密密的小孔，装满水之后盖上盖子，挤压瓶身，细小的水流就从瓶盖中喷出来啦！

小铲子：一切需要直接碰到泥土的工作，都交给它来完成，比如除草、挖坑、盖土。

土壤：大量松软的土壤，为蔬菜宝宝提供温暖的怀抱。

种子：选你喜欢的种子，去种子商店或网上购买都可以。

菜盆：大大小小的，用来盛装土壤。

用种子来变个魔术吧

小朋友们，你们知道吗？

种子会变世界上最神奇的魔术。

让我们一起来见证吧！

种子的奇迹，从他们被埋入土壤中就开始了。

最初，四周黑漆漆的，静悄悄的，同伴们也不知道去哪里了，只剩下自己，有点孤单，也有点害怕。

慢慢地，他感觉身体中有一股力量在往外冲，“哧溜”一下，白白的根须从身子下面长出来了。

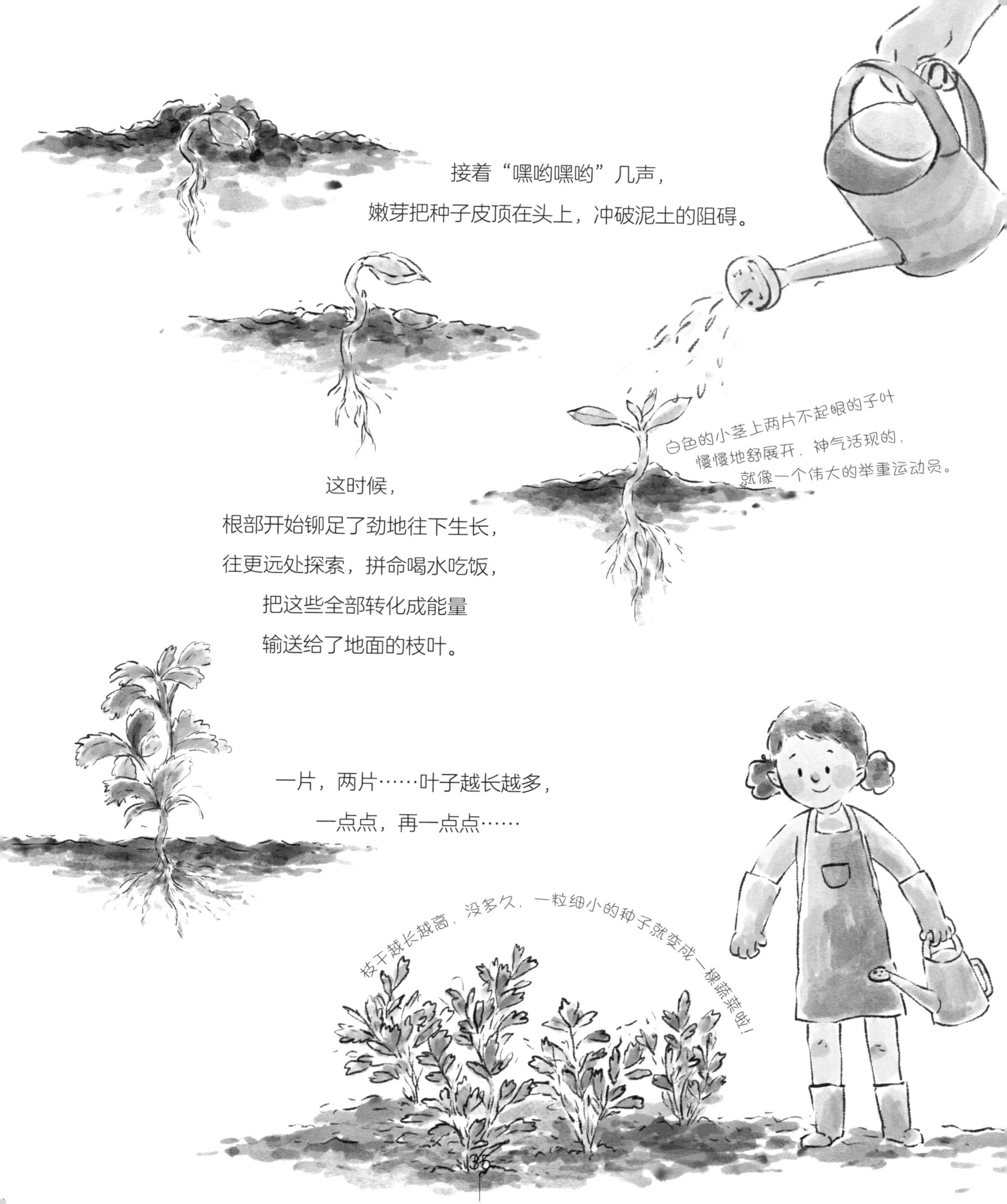

接着“嘿哟嘿哟”几声，
嫩芽把种子皮顶在头上，冲破泥土的阻碍。

白色的小茎上两片不起眼的子叶
慢慢地舒展开，神气活现的，
就像一个伟大的举重运动员。

这时候，
根部开始铆足了劲地往下生长，
往更远处探索，拼命喝水吃饭，
把这些全部转化成能量
输送给了地面的枝叶。

一片，两片……叶子越长越多，
一点点，再一点点……

枝干越长越高，没多久，一粒细小的种子就变成一棵菠菜啦！

用身体的一部分种出来的菜

小葱学魔术学得不太好，种子很难发芽和长大，

所以我们一般用老根直接种在土里就可以啦！

从菜市场买来带根的小葱，

留下一小段葱白，

上面的叶子全部剪去。

然后 5 根分为一组，

一组组地种在花盆里，

再给他们喝饱水。

两天后，你就会发现他们身上剪断的地方慢慢地往外长叶子啦！

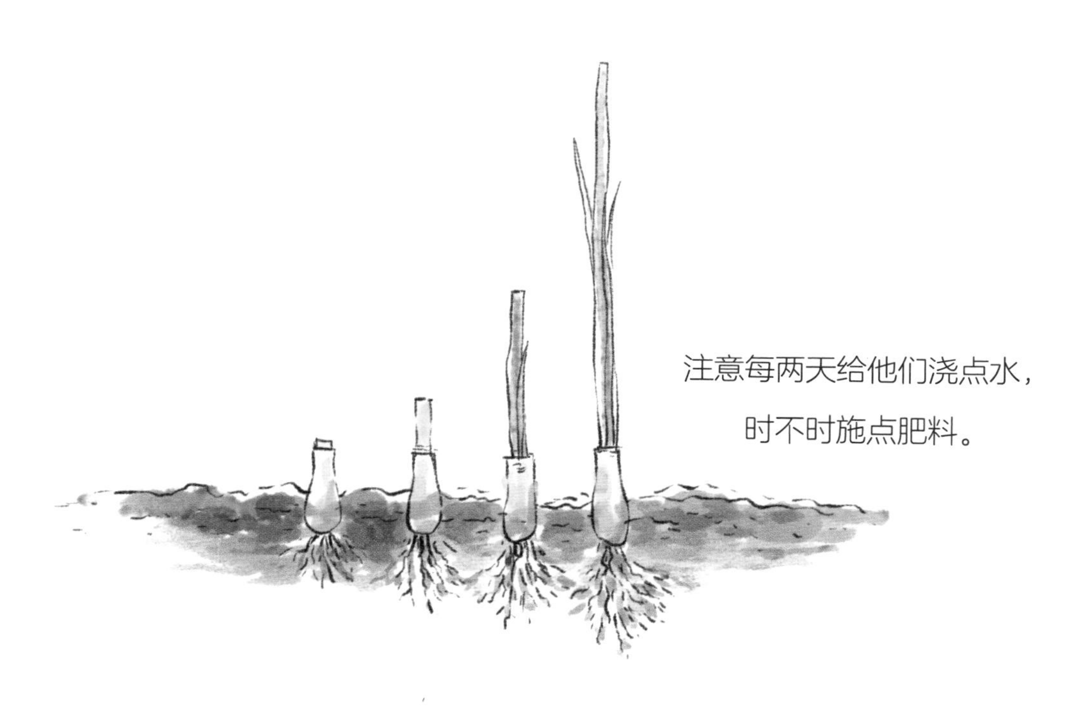

注意每两天给他们浇点水，时不时施点肥料。

一个月之后，就长成很大一盆啦！

我是土豆！
土豆则是直接把他圆溜溜的身体切成几块，
每块上面都有凹进去的小眼，
芽眼
那个小眼叫芽眼，他的枝叶就是从这个小眼里长出来的。
把这些切好的小块埋在
稍微深一点的土壤里
就行啦！

随着枝叶越长越茂盛，土里的土豆块旁边的根上会长出许多土豆宝宝。

一开始像豌豆那么大，
然后变成鸽子蛋那么大，
最后就长成大土豆啦！

小实践

让爸爸妈妈买来带根的小葱，按照上面的方法将他们种在土里，看看一个星期后会变成什么样子。

等不及开花的蔬菜

生菜、小白菜、空心菜、苋菜、油麦菜这些吃叶子的菜，我们不会等到他们开花以后去采摘，因为那个时候他们已经太老了，不能吃了。

一般他们长到大人的手掌那么大的时候，就要采摘啦！

采摘的时候将他们连根拔起，

然后剪掉根须。

如果菜种得比较多，一次吃不完，可以分几次采摘。

采摘时不用专门从一个地方顺着摘，而是间隔着挑选大的摘，

这样可以给那些小的蔬菜留出地方，让他们长得更大一些。

蔬菜们光长个子还不行，还得比比美呢！

这不，一些蔬菜开始长出花苞啦！

不多久就开出了五颜六色的花儿，

有紫色的茄子花，有白色的辣椒花、瓠瓜花，

还有黄色的番茄花、黄瓜花、南瓜花……

热闹过几天之后，花儿们的脸蛋开始失去光泽，
逐渐枯萎，但她们的底部开始慢慢膨大，
没错，这是开始结果啦！

遇到毛毛虫和飞蛾时，花儿们则缩成一团，害怕地喊：“快走开！离我远一点儿！”

果实长大啦

等待果实长大的日子，

稍稍有些漫长。

大概需要1个星期到3个星期的时间。在这段时间里，蔬菜们的生活习惯有很多变化。

最明显的是他们的饭量变大了，

需要更多的水和肥料。

他们越来越喜欢晒太阳，

越来越不喜欢阴雨天了。

另外就是他们变得特别害怕狂风暴雨，

这样的天气会让还没长大的小果实掉落或烂掉。

他们每天都会变样儿，

没几天就膨大成球形或者圆筒形，

让人看了就心生欢喜。

小园丁忙碌的一年

小菜园的春季绿意盎然

春天，像个活泼的小姑娘，差不多四五岁的样子，梳着羊角辫，穿着翠绿色的裙子，蹦蹦跳跳就来了。春姑娘有金手指，她指向哪里，哪里就布满绿色，开满鲜花。

从哪里先开始呢？

先准备好松软的土壤，将里面的石头、砂砾等拣出来，并将土块打碎。之后，在土壤里倒进少量肥料，搅拌均匀，装在菜盆中。

这不，小园丁从立春那天开始就要忙碌起来啦！

再给种子来个健康体检，

那些有虫眼、霉烂或者瘦小的种子，一律取消播种资格。

然后给他们痛痛快快泡个温水澡，

大概半天的时间就可以啦！

将他们间隔开来埋在土里。

如果是芝麻粒那么小的种子，就直接撒在土面上；

如果是像黄豆那样大的种子，就用小铲子先挖出一个个小洞。

埋完之后，要给他们喂饱水，

让整个土壤都是湿润的。

之后，就是等待奇迹诞生的时刻啦！

我们需要每天观察一下。

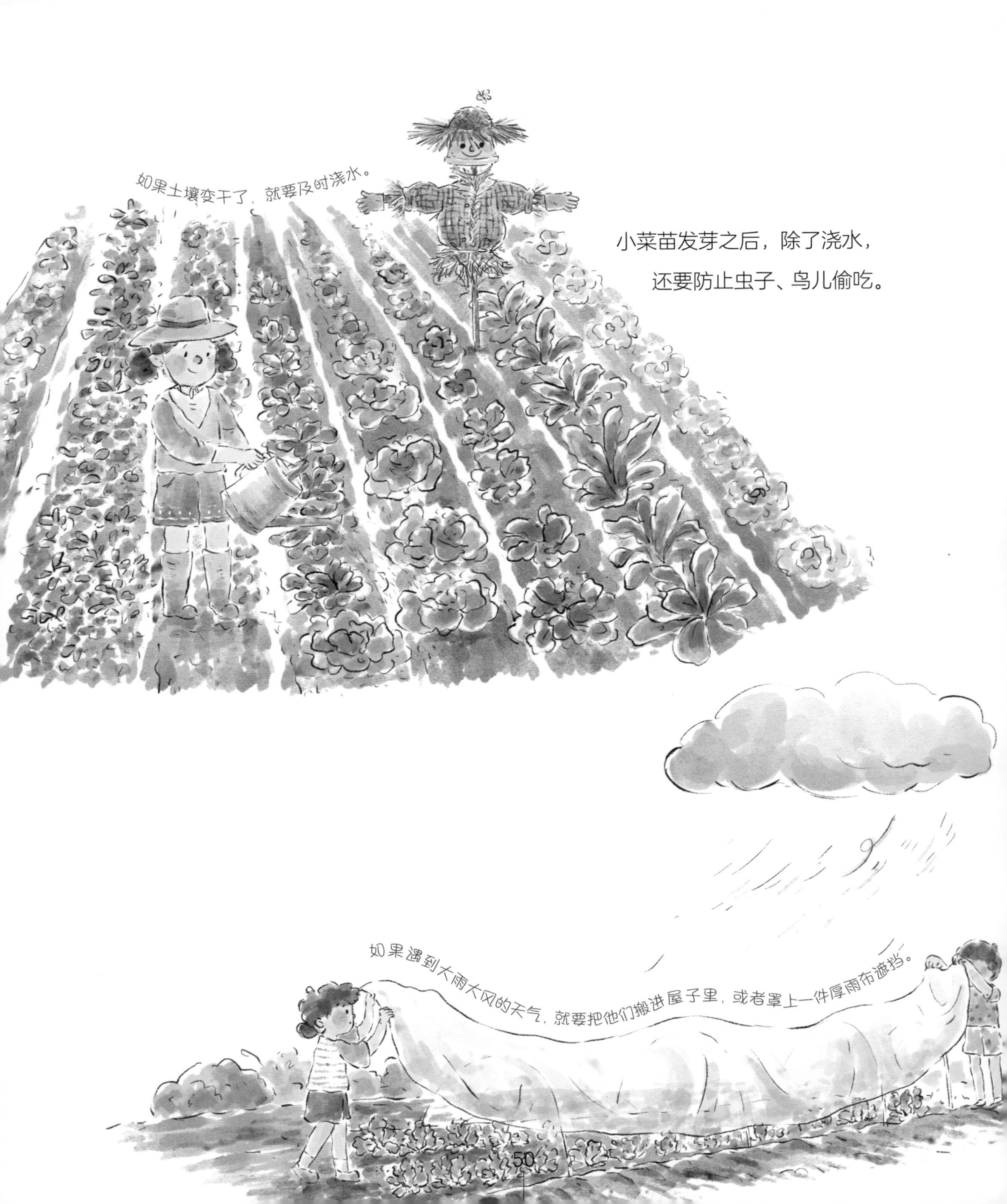

小菜苗发芽之后，除了浇水，

还要防止虫子、鸟儿偷吃。

菜苗渐渐长大后，菜园里会显得有些拥挤，这时要重新对他们进行一次体检，把那些瘦弱、发黄的小菜苗，及早拔掉。

这个时候，
他们的胃口也变大了，
需要给他们施点肥料。

小实践

用种子来播种

试着播种小白菜、生菜、番茄，观察他们是怎么发芽和长大的。

春姑娘还没走远，热情的夏姐姐就翩然而来。
这个时候，太阳更热烈，气温也更高了，
所有的蔬菜都枝繁叶茂，纷纷开花结果。

浇水是小园丁最重要的工作。

几乎每天早晚都要给蔬菜浇水，才能保证他们不会被渴死。

豇豆、四季豆等爬藤的蔬菜，
需要给他们插上几根竿子，
让他们柔软的藤绕着竿子往上爬。

番茄、辣椒、茄子也都长得比较高大了，
需要将他们固定在一根粗壮的棍子上，
这样当果实挂满枝头的时候，
才不会被压得直不起腰。

遇到狂风暴雨的时候，也不容易被吹倒。

开花的时候，
敞开大门迎接蜜蜂和蝴蝶的光临，
他们会把花粉从一朵花带到另一朵花，
让果实结得更多一些。

花掉了以后，果实慢慢变大，如果太挤了，那就要将太多的果实摘掉一些，这样才能保证剩下的果实长得好。

夏季杂草也长得非常茂盛，
需要经常将他们拔掉，
或者用铲子连根铲起，
带出小菜园扔掉。

一看到主人伸出手来，他们一个个争先恐后地喊：“选我！选我！选我！”

因为被主人采摘并端上餐桌，是他们最大的梦想。

一切的辛劳和忙碌，会在采摘的那一刻化作欣喜。

一大清早，蔬菜们就列着整整齐齐的队伍，

头昂得高高的，腰杆挺得直直的，

就像接受检阅的士兵一样。

那些被挑中的蔬菜，会挥挥手对伙伴们说：

“再见啦，亲爱的小伙伴们！

我要去完成自己的使命啦，你们也要加油哟！”

小菜园的秋季凉爽宜人

秋阿姨紧随夏姐姐的步伐，

把秋雨和凉爽带给了小菜园。

这和春季一样是适合播种的季节。

春季种下的黄瓜、四季豆已经进入收获的尾声，赶在秋季还可以再播种一次，在天气变得寒冷之前再收获一次。

深秋打过霜之后，
青菜越来越好吃了，
这是蔬菜为了保护自己不被冻伤
而产生了大量的糖。

虽然很不舍，

但番茄、茄子、辣椒、南瓜、黄瓜

这些蔬菜结果后会慢慢地枯萎死去，

因为他们惧怕寒冷的冬天。

把他们连根拔起，

然后将土壤重新打碎，

混入肥料。

秋天也是收获种子的好时候。

那些果实类的蔬菜成熟之后，把果肉掰开，可以从里面取出种子。

给他们仔仔细细洗个冷水澡。

然后晾干。

让他们在透气的布袋子里睡上一大觉，一直到第二年春天要开始种植的时候。

一场秋雨一场凉。芋头、凉薯、红薯们，一定要在冬天来临前把他们全部从土里挖出来，不然即使躲在土里，他们也会被冻伤或者烂掉。

把红薯带回家后，得给他们找个干爽又保暖的家，让他们可以一直住到第二年初夏。

小实践

收获番茄种子

挑选一个最大最红的番茄，从中间切开，把瓤中的籽儿一粒粒挑出来，越硬的籽证明越成熟，也是最容易发芽的。把籽儿洗干净晾干，然后存放起来。

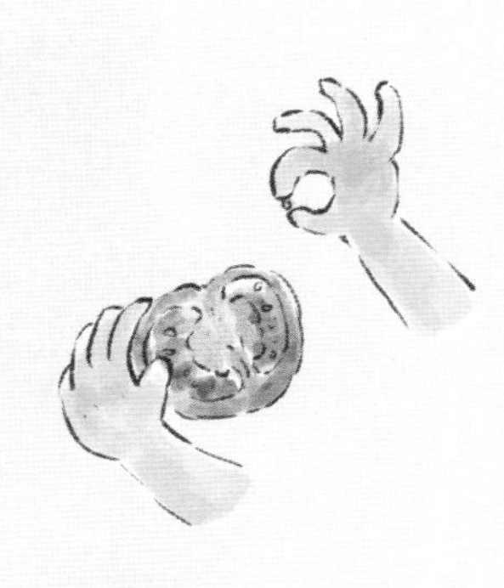

小菜园的冬季温馨浪漫

冬奶奶是最后登场的，她总是低调而含蓄，
悄不声儿就把冷风吹进你们的脖领里。
但是，她又是制造惊喜的高手，说不定哪天你们一觉醒来，
就会看到一个雪花纷飞、洁白无瑕的世界。

小菜园也显得很安静，大多数蔬菜都放寒假回家了，只留下大白菜、卷心菜、菜薹、蚕豆、豌豆这些留守小菜园。

他们在冬天长得很缓慢，

几乎不需要给他们施肥和浇水。

一场大雪过后，小菜园里的蔬菜都被厚厚的雪压弯了腰。

趁着这个难得的空闲，
要将这一年的种植活动好好地回忆一下，
思考一下明年的计划。

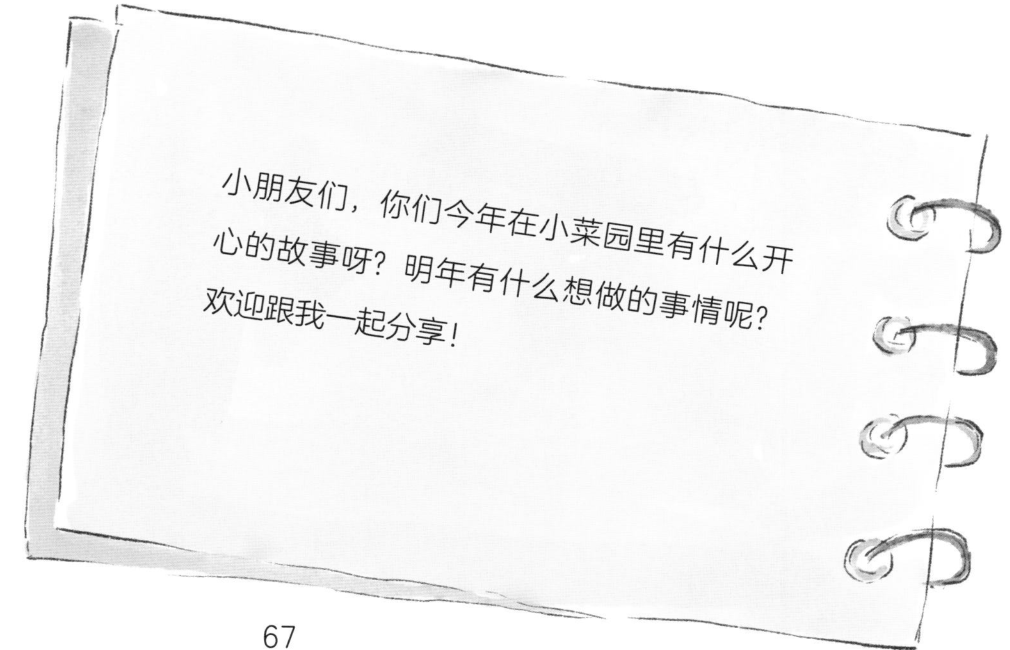

动手画一个你梦想的小菜园吧

图书在版编目（CIP）数据

小小园丁：有趣的蔬菜王国 / 赵晶编著；李静雯绘. —福州：福建科学技术出版社，2023.4

ISBN 978-7-5335-6852-8

Ⅰ. ①小… Ⅱ. ①赵… ②李… Ⅲ. ①蔬菜园艺 – 儿童读物 Ⅳ. ①S63-49

中国版本图书馆CIP数据核字（2022）第230275号

书　　名　**小小园丁——有趣的蔬菜王国**
编　　著　赵晶
绘　　者　李静雯
出版发行　福建科学技术出版社
社　　址　福州市东水路76号（邮编350001）
网　　址　www.fjstp.com
经　　销　福建新华发行（集团）有限责任公司
印　　刷　中华商务联合印刷（广东）有限公司
开　　本　889毫米 × 1194毫米　1/16
印　　张　4.5
图　　文　72码
插　　页　4
版　　次　2023年4月第1版
印　　次　2023年4月第1次印刷
书　　号　ISBN 978-7-5335-6852-8
定　　价　58.00元